halcones BEBÉS

MEG GREVE

CREATIVE EDUCATION • CREATIVE PAPERBACKS

CONT

ENIDO

SOY UN POLLUELO.

Soy un halcón bebé.
Me llaman "polluelo".

¿Ves mis plumas? Son suaves y blandas.

Salí de un huevo.

Me quedaré en el nido hasta que aprenda a volar. Necesito descansar mucho.

Mi nido está en lo alto de un árbol. Mi mamá se queda conmigo. Mi papá caza nuestra comida.

Pido comida. Mi mamá me la escupe en la boca.

Mis plumas de vuelo crecen.

Después de seis semanas, aprendo a volar. Uso mis garras. Puedo cazar carne.

¡Ahora puedo cuidarme solo!

HABLA Y
ESCUCHA
¡IH-IH

¿Puedes hablar como un polluelo?
Los halcones bebés gritan y chillan.
Escucha estos sonidos:

https://www.youtube.com/watch?v=1WSTelKRUkg

PALABRAS RELACIONADAS CON LOS POLLUELOS

blando: suave y ligero

garras: uñas afiladas en las patas de un pájaro

halcón: un ave grande de pico ganchudo que caza animales pequeños

salir del cascarón: romper el cascarón de un huevo para nacer

ÍNDICE ALFABÉTICO

PUBLICADO POR CREATIVE EDUCATION Y CREATIVE PAPERBACKS
P.O. Box 227, Mankato, Minnesota 56002
Creative Education y Creative Paperbacks son sellos editoriales de The Creative Company
www.thecreativecompany.us

LIBRARY OF CONGRESS CATALOGING-IN-PUBLICATION DATA
Names: Greve, Meg, author.
Title: Halcones bebés / Meg Greve.
Other titles: Baby hawks. Spanish
Description: Mankato, Minnesota : Creative Education and Creative Paperbacks, [2025] | Series: El principio de los | Includes index. | Audience: Ages 4-7 | Audience: Grades K-1 | Summary: "Introduce beginning readers to the soaring world of baby hawks with this life science starter, in North American Spanish.
Includes photos, a labeled animal diagram, "Make a Noise" section, and glossary"-- Provided by publisher.
Identifiers: LCCN 2024019442 (print) | LCCN 2024019443 (ebook) | ISBN 9798889894834 (library binding) | ISBN 9781682777046 (paperback) | ISBN 9798889894933 (ebook)
Subjects: LCSH: Hawks--Juvenile literature. | Hawks--Infancy--Juvenile literature.
Classification: LCC QL696.F32 G74818 2025 (print) | LCC QL696.F32 (ebook) | DDC 598.9/441392--dc23/eng/20240507

DISEÑO Y PRODUCCIÓN
Diseño por Rhea Magaro
Producción de Beeline Media and Design, Inc.
Dirección artística de Tom Morgan

FOTOGRAFÍAS de Alamy Stock Photo/Gerrit Vyn, 9, Natural Selection David Ponton, 7, PAUL R. STERRY, 11; Dreamstime/Empire331, 4; Shutterstock/2009fotofriends, 10, Andrei.B, 14, Bohbeh, 13, Breck P. Kent, 8, Carol Gray, 12, Eric Isselee, cover, 2, Tom Meaker, 5, Vishnevskiy Vasily, 6

Impreso en China